Bibliografische Information der Deutschen Nationalbibliothek:

Die Deutsche Bibliothek verzeichnet diese Publikation in der Deutschen National-
bibliografie; detaillierte bibliografische Daten sind im Internet über http://dnb.d-
nb.de/ abrufbar.

Impressum:

Copyright © 2012 GRIN Verlag, Open Publishing GmbH
Druck und Bindung: Books on Demand GmbH, Norderstedt Germany
ISBN: 978-3-656-43581-5

Yakub Nase

Gewöhnliche Differentialgleichungen mit Anwendungen in den Wirtschaftswissenschaften

GRIN Verlag

Fakultät Wirtschafts- und Sozialwissenschaften

Lehrstuhl BWL, insb. Mathematik & Statistik in den
Wirtschaftswissenschaften

Bachelorarbeit:

Gewöhnliche Differentialgleichungen mit Anwendungen in den Wirtschaftswissenschaften

Hamburg, 31. Oktober 2012

Inhaltsverzeichnis

1. Vorwort

„Keinerlei Glaubwürdigkeit ist in jenen Wissenschaften, die sich der mathematischen Wissenschaften nicht bedienen oder keine Verbindung zu ihnen haben".[1]

Frei nach diesem Zitat genießt mathematisches Modellieren von einfachen und komplexen ökonomischen Sachverhalten in den Wirtschaftswissenschaften eine enorme Bedeutung. Bei der Modellierung von dynamischen Systemen –also wenn die Änderungsrate einer Größe von der Größe selbst abhängig ist – sind Differentialgleichungen, oft mit DGL abgekürzt, unentbehrlich. So kommen in vielen ökonomischen Modellen, insbesondere im Zusammenhang mit Produktions- und Nutzenfunktionen, Wachstums- und Marktprozessen, Differentialgleichungen vor. Im Allgemeinen werden Gleichungen in denen Funktionen als Unbekannte gemeinsam mit ihrer Ableitung vorkommen *Differentialgleichungen* genannt.

Diese Bachelorarbeit thematisiert „gewöhnliche Differentialgleichungen" mit Anwendungen in den Wirtschaftswissenschaften und baut dabei auf Kenntnissen aus den Vorlesungen Mathematik 1 und 2 für Wirtschaftswissenschaftler der Universität Hamburg auf. Zum erleichterten Verständniss findet sich im Anhang eine kleine Formelsammlung.

Durch die Harmonisierung von Theorie und Praxis wird in dieser Ausarbeitung das Ziel verfolgt Lösungsansätze und Erkennungsmerkmale für Differentialgleichungen sowie ihre Herleitung und ihr Verhalten exemplarisch darzustellen.

Da das Themengebiet der Differentialgleichungen sehr umfangreich ist, erhebt diese Bachelorarbeit nicht den Anspruch alle Fassetten zu beleuchten. Es wird ein Fokus auf Formen und Methoden gesetzt um ausgewählte Modelle näher betrachten zu können. Sollte der Beweis eines Satzes, bzw. Lemmas von besonderer Bedeutung für das Verständnis sein, wird dieser explizit bewiesen.

Als Einstieg in die Thematik werden die stetige Verzinsung anhand einer Differentialgleichung hergeleitet und zwei Populationsmodelle betrachtet. Nach Einführung von einigen Klassifizierungen werden Lösungsansätze für Differentialgleichungen erster und höherer Ordnung, gefolgt vom „Goodwin-Modell zur Erklärung von Konjunkturschwankungen" – musterhaft für Differentialgleichungssysteme – erarbeitet und analysiert.

---

[1] Leonardo da Vinci.

2. Einführung und Klassifizierung von Differentialgleichungen

DGL sind also - wie bereits im Vorwort erwähnt - Gleichungen in denen sich die Unbekannten als Funktionen darstellen und ebenfalls deren Ableitungen auftauchen.

In vielen DGL wird die Zeit $[t]$ als Variable angenommen. Daher soll in dieser Ausarbeitung, sofern nicht anders definiert, t als Variable und $y(t)$ als Funktion von t angenommen werden. Im weiteren Verlauf wird aus Vereinfachungsgründen y anstelle von $y(t)$ geschrieben,[2] es sei denn die Abhängigkeit ist von besonderer Bedeutung - mit dieser Konvention sollen dem Leser bestimmte Abhängigkeiten verdeutlicht werden.

2.1. Stetige Verzinsung und ein einfaches Populationsmodell

Als erstes Beispiel wird das Konzept der stetigen Verzinsung näher betrachtet.

Sei y das festverzinslich angelegte Kapital zum Zeitpunkt t und Δy der Zins-Zuwachs für einen Zeitraum Δt mit einem Jahreszinssatz von p. Dann gilt:

$$\Delta y = \Delta t * p * y \tag{2.1}$$

Dabei stellt $\Delta t * p$ den anteiligen Zins für den Zeitraum Δt dar.

Zur Verdeutlichung der Gleichung (2.1) wird ein kleines Zahlenbeispiel dargelegt. Wenn heute 1.000,-€ $[y]$ zu einem Zinssatz von 5% p.a. $[p]$ angelegt und die Zinsen halbjährlich gezahlt werden, resultiert nach einem halben Jahr folgende Zinszahlung $[\Delta y]$:

$$\Delta y = \frac{1}{2} * 0{,}05 * 1.000 = 25,-€$$

Durch Division von (2.1) mit Δt entsteht:

$$\frac{\Delta y}{\Delta t} = p * y \tag{2.2}$$

Die Gleichung (2.2) stellt eine Differenzengleichung[3] dar und ist für $\Delta t < 1$ ein Modell für die unterjährige Verzinsung. Für immer kleinere Zeiträume der Zinsauszahlung folgt gemäß (2.2):

$$\lim_{\Delta t \to 0} \frac{\Delta y}{\Delta t} \overset{\mathrm{def}}{=} \frac{dy}{dt} \overset{\mathrm{def}}{=} y' = p * y \tag{2.3}$$

[$\overset{\mathrm{def}}{=}$ bedeutet "nach Definition"]. Ce^{px}, $C \in P$ beliebig, kann schnell als Lösung von (2.3) verifiziert werden.

---

[2] Diese Konvention bezieht sich auch auf andere Funktionen.
[3] Vgl. Opitz & Klein (2011), S. 591 ff. für mehr Informationen über Differenzengleichungen.

Äquivalent lässt sich auch ein einfaches Populationsmodell ohne Zu- und Abwanderung darstellen.

Dabei stellt y die Population zum Zeitpunkt t, y' die Änderungsrate der Population und p (als konstant angenommen) die Differenz von Geburten- und Sterberate dar. Die Änderungsrate ist somit proportional zur Population.

Zur Überprüfung des Modells werden nun statistische Daten herangezogen:

Im Jahre 1961 $[t_0]$ belief sich die Weltbevölkerung auf geschätzte 3,06 Milliarden Menschen $[y(t_0)]$ bei einer Zuwachsrate von 2% $[p]$. Daraus folgt die DGL

$$\frac{dy}{dt} = p * y \ , \tag{2.4}$$

mit $y(t_0) = 3,06 * 10^9$ und $p = 0,02$.

Wird nun der Term (2.4) durch y dividiert, etwas nachlässig mit dt multipliziert und mit einem unbestimmten Integral erweitert – dieses Vorgehen wird im Abschnitt 3.1. näher beschrieben – folgt daraus:

$$\int \frac{1}{y} dy \ = \int p \, dx \qquad \ln|y| = pt + c$$

Dabei stellt c die Summe beider Integrationskonstanten dar, welche noch aus dem Anfangswert zu bestimmen ist. Durch Erweiterung der beiden Seiten mit der Exponentialfunktion entsteht:

$$y = \ e^{pt+c} = e^c e^{pt} =: C e^{pt} \tag{2.5}$$

Dieses Modell ist die Grundlage für das „Malthus-Gesetz".[4]

Aus der Anfangsbedingung folgt

$$y(t_0) = 3,06 * 10^9 = C e^{0,02 * t_0} \ .$$

Wenn nun t_0 als „Zeitpunkt null" für (2.5) betrachtet wird entsteht:

$$y(t_0) = 3,06 * 10^9 = C e^{0,02 * (1961 - 1961)} = C$$

$$y(t) = 3,06 * 10^9 * e^{0,02 * (t - 1961)} \tag{2.6}$$

Nun können beliebige Jahreszahlen zur Überprüfung der Funktion (2.6) herangezogen werden.

Nach Angaben der UN betrug die Weltbevölkerung im Jahr 1980 in etwa 4,453 Milliarden Menschen. Das Bevölkerungsmodell (2.6) liefert

$$y(1980) = 3,06 * 10^9 * e^{0,02 * (1980 - 1961)} \approx 4,474 * 10^9 \ .$$

Somit liegt die Abweichung bei lediglich ca. 20 Millionen Menschen.

---

[4] Vgl. Braun (1991), S. 33 ff.

Für das Jahr 2015 gibt das Modell eine Weltpopulation von ca. 9 Milliarden Menschen an. Die UN prognostiziert im Gegensatz dazu eine Weltbevölkerung von ca. 7,35 Milliarden Menschen.[5]

Nach dem Modell aus (2.6) würde die Weltbevölkerung bis ins Unendliche exponentiell anwachsen. Da Ressourcen wie Trinkwasser, Nahrung und Lebensraum knapp sind, scheint dies jedoch wenig plausibel.

Zusammenfassend betrachtet bietet dieses Modell sehr gute Prognosen für Populationen die sich noch nicht der „natürlichen" Kapazitätsgrenze genährt haben – bzw. für Modelle in denen keine Kapazitäts-Hemmnisse auftauchen, wie etwa bei der stetigen Verzinsung.

2.2.   Die Logistische-Differentialgleichung und die Weltpopulation

In vielen Fällen existieren begrenzte Ressourcen, bzw. Kapazitäts-Hemmnisse. Bezogen auf Populationen entsteht beispielsweise Konkurrenz zwischen den Individuen. Diese Konkurrenz stellt langfristig eine nicht überschreitbare obere Schranke dar. Durch Miteinbeziehung einer solchen Schranke in das eben hergeleitete Populationsmodell, entsteht die sogenannte *logistische* DGL.

Gesucht ist eine streng monotone Funktion, die gegen eine Schranke konvergiert.[6] Im letzten Abschnitt wurde ein Populationswachstum aus der DGL $y' = p * y$ hergeleitet. Wenn nun K die obere Grenze darstellt, so ist die vorhandene Rest-Kapazität zum Zeitpunkt t gegeben durch

$$K - y(t) \ . \tag{2.7}$$

Im exponentiellen Wachstum war die Änderungsrate der Population $[y']$ proportional zur aktuellen Populationsgröße – wie in (2.4) beschrieben. Nun ist sie zusätzlich proportional zur vorhandenen Restkapazität (2.7). Daraus folgt:

$$y' = py(K - y) = pKy - py^2 \tag{2.8}$$

Diese DGL wurde erstmals durch den belgischen Mathematiker Pierre-François Verhulst erstellt und trägt daher auch den Namen „Verhulst-Gleichung".

Das Vorgehen von Verhulst war jedoch ein Anderes als das eben vorgestellte.

Er nahm die DGL (2.4) und teilte p in seine Einzelteile auf – mit γ als Geburtenrate und τ als Sterberate:

$$y' = \gamma y - \tau y$$

---

[5] Vgl. I. Anhang Populationsprognosen.
[6] Näheres zur Konvergenz ist u. a. in Forster (2011a), S. 30 zu finden.

Bis zu diesem Punkt ist die DGL dieselbe wie in (2.4). Verhulst ersetzte nun aber den Term τy mit ty^2 um die Entwicklung großer Populationen – und den daraus entstehenden Konkurrenzkampf - besser modellieren zu können. Somit folgt:

$$y' = \gamma y - \tau y^2 \qquad (2.9)$$

Die DGL (2.9) ist dieselbe DGL wie (2.8) mit

$$\gamma = pK \text{ und } \tau = p \ . \qquad (2.10)$$

Sei die Lösung von (2.8) und (2.9) gegeben durch:[7]

$$y = \frac{K}{1 + (\frac{K}{y_0} - 1)e^{-Kpt}} = \frac{\gamma}{\tau + (\frac{\gamma}{y_0} - \tau)e^{-\gamma t}} \qquad (2.11)$$

Zur Überprüfung der Lösung (2.11) werden statistische Daten, sowie Prognosen der UN herangezogen.

Laut CIA lag die Erdbevölkerung im Juli 2012 bei ca. 7,02 Milliarden Menschen mit einer Zuwachsrate von 1,096%.[8] $y'(t_0)$ gibt den aktuellen Populationszuwachs wieder. Wird dieser Wert durch die Populationsgröße geteilt, so ergibt sich die Zuwachsrate. Aus diesen Informationen folgt nach (2.8):

$$\frac{y'(t_0)}{y(t_0)} = 1.096\% = pK - py(t_0) = pK - p * 7,02 * 10^9$$

Wenn nun für die Populationskapazität K ein Wert von 10,5 Milliarden Menschen angenommen wird,[9] ergeben Umformungen:

$$p \approx 3.15 * 10^{-12}$$

Im Anhang[10] finden sich für den Zeitraum 1960 – 2100 die anhand dieses Modells ermittelten Populationszahlen.

Während die Prognosen erstaunliche Übereinstimmung mit den Prognosen der UN haben, ist der Vergleich mit historischen Daten jedoch weniger befriedigend. Letzteres ist wohl auf die Tatsache zurückzuführen, dass sich mit steigendem technologischem Fortschritt auch die Kapazitätsgrenze verändert. So konnten die Ressourcen der Erde z.B. in den 1960er Jahren nicht so effizient genutzt werden wie heute. Näheres Verständnis des logistischen Wachstums liefert die Erkenntnis,

---

[7] Vgl. Heuser (1991), S. 22 f. Diese Lösung wird im Abschnitt 3.1. hergeleitet.
[8] Vgl. https://www.cia.gov/library/publications/the-world-factbook/geos/xx.html - Zugriff am 03.10.2012.
[9] Dieser Wert wurde aus den Prognosen in der Medium-Variante der UN geschätzt – vgl. I. Anhang – Populationsprognosen.
[10] I. Anhang – Populationsprognosen.

dass bis zum Erreichen der Hälfte der Kapazitätsgrenze das Wachstum beschleunigt ist und erst dann abgebremst wird.[11]

Für einen graphischen Vergleich seien nun die historischen Daten und die Zahlen aus dem Modell (2.11) in Abbildung 1. gegenübergestellt.

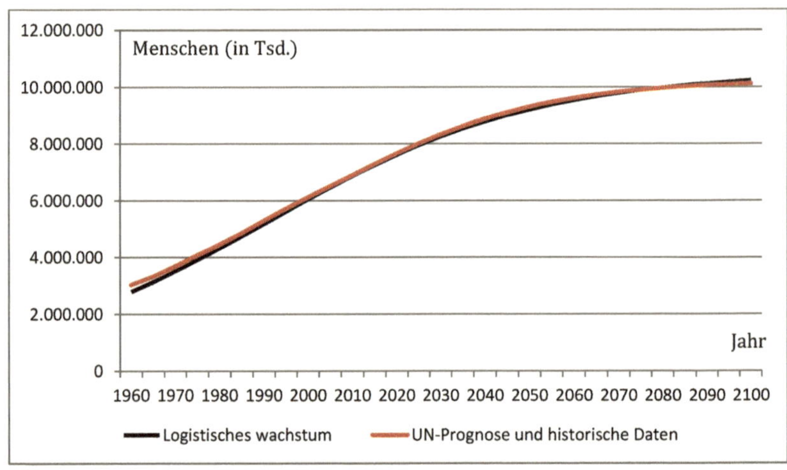

Abbildung 1.

Bei einer hohen Kapazitätsgrenze ist das Wachstum demnach länger beschleunigt, wodurch die Abweichung zu den historischen Daten erklärt werden kann.

Bei der Betrachtung einzelner Staaten oder anderen logistischen Wachstumsmodellen – auf die hier nicht weiter eingegangen wird – liefert das Modell ebenfalls erstaunlich präzise Werte.[12]

Bisher wurde der Umgang mit DGL und Verifizierungen von Modellen thematisiert. Zur besseren Orientierung werden nun einige Klassifizierungen von DGL betrachtet, bevor im nächsten Kapitel Lösungsmethoden erarbeitet werden.

---

[11] Somit ist bei $\frac{K}{2}$ ein Wendepunkt - vgl. Braun (1991), S. 37 f.

[12] Beispiele sind u. a. in Braun (1991), S. 38 ff. zu finden.

2.3. Klassifizierungen von Differentialgleichungen

2.3.1. Gewöhnlich und partielle Differentialgleichungen

Hängt die gesuchte Funktion y lediglich von einer Veränderlichen ab, so wird die DGL *gewöhnlich* genannt. Sind jedoch mehrere Variablen maßgebend für die Funktion y [z.B. $y(t,x)$], so spricht man von einer *partiellen* DGL – da partielles Differenzieren notwendig wird.[13] Im Rahmen dieser Ausarbeitung werden lediglich gewöhnliche DGL betrachtet.

2.3.2. Ordnung von Differentialgleichungen

Die Ordnung einer DGL wird durch die höchste vorkommende Ableitung bestimmt.[14] So hat z.B. die DGL $y''' + 4y = 0$ die Ordnung drei.

2.3.3. Lineare und nicht-lineare Differentialgleichungen

Eine DGL ist linear, wenn die Unbekannten lediglich mittels linearer Operatoren miteinander verknüpft sind, ansonsten ist sie *nicht-linear.* Lineare Operatoren sind Additionen und Multiplikationen mit Konstanten – wobei bei DGL auch die Multiplikation mit Variablen erlaubt ist.[15] Eine lineare DGL n-ter Ordnung kann also immer in die Form

$$a_n(x)y^{(n)} + a_{n-1}(x)y^{(n-1)} + \cdots + a_0(x)y = b(x)$$

gebracht werden. Zur Verdeutlichung werden zwei Beispiele angeführt:

$$y' + 2y = t \tag{2.12}$$

$$y'''^2 + y' * y = 0 \tag{2.13}$$

(2.12) ist linear und (2.13) nicht-linear.

2.3.4. Homogene und inhomogene Differentialgleichungen

Sei eine beliebige DGL der Form

$$f\left(y^{(n)}, y^{n-1}, \dots, y', y\right) = b(t) \tag{2.14}$$

gegeben, mit $G \subset P x P^n$, $f: G \to P$. Für den Fall $b(t) = 0$ heißt die DGL *homogen,* ansonsten *inhomogen.* Dabei impliziert der Ausdruck $f\left(y^{(n)}, y^{n-1}, \dots, y', y\right)$, dass kein Term ohne y, bzw. einer ihrer Ableitungen auf der linken Seite von (2.14) vorkommt.[16]

---

[13] Vgl. Heuser (1991), S. 41.
[14] Vgl. Chiang, Wainwright & Nitsch (2011), S. 310.
[15] Vgl. Beckmann & Künzi (1984), S. 1 und S. 147 ff.
[16] Vgl. Opitz & Klein (2011), S. 611 f. und Forster (2011b), S. 159.

Im Folgenden werden noch einige weitere Klassifizierungen auftauchen. Das gesamte Spektrum der unterschiedlichen Klassifizierungen – wie mit unter stochastische (partielle) Differentialgleichungen, auf welche das berühmte Black-Sholes-Modell aus der Finanzwirtschaft zurückzuführen ist[17] – wird hier allerdings nicht gänzlich betrachtet.

3. Differentialgleichungen erster Ordnung

Eine DGL erste Ordnung hat im Allgemeinen die Form

$$y' = f(y, t) \qquad\qquad (3.1)$$

mit $G \subset P^2$, $f: G \to P$ und f stetig.[18]

Auch wenn die Problematik von DGL erster Ordnung zunächst von einfacher Natur scheint, gibt es nicht zu jeder DGL eine in geschlossener Form[19] darstellbare Lösung. Somit gibt es auch kein allgemeingültiges Verfahren zum Lösen von DGL in geschlossener Form. Für Lösbarkeiten und Lösungsansätze werden nun einige Sonderformen betrachtet.

3.1. Trennung der Variablen

Eine DGL erster Ordnung, die auf die Form

$$y' = f(t)g(y) \, , \qquad\qquad (3.2)$$

mit $I, J \subset P$, $f: I \to P$, $g: J \to P$ zwei stetige Funktionen und $g(y) \neq 0 \ \forall y \in J$, gebracht werden kann heißt *separierbar.*[20] Für separierbare DGL lässt sich ein einfacher Lösbarkeitssatz herleiten.

Satz 1

Eine DGL der Form (3.2) ist lösbar, falls die unbestimmten Integrale

$$\int \frac{1}{g(y)} \, dy \quad \text{und} \quad \int f(t) \, dt$$

lösbar sind.[21]

---

[17] Das Originalmodell ist zu finden in Fischer Black, Myron Scholes: The Pricing of Options and Corporate Liabilities. In: Journal of Political Economy. 81, 3, 1973, S. 637 ff.
[18] Vgl. Forster (2011b), S. 135.
[19] Ein Ausdruck ist in „geschlossener Form", wenn er in endlich viele bekannte Funktionen (z.B. Exponentialfunktion, trigonometrische Funktionen) geschrieben werden kann.
[20] Vgl. Forster (2011b), S. 137 f.
[21] Vgl. Opitz & Klein (2011), S. 604.

Beweis:

Sei (3.2) gegeben:

$$\frac{dy}{dt} = f(x)g(y) \qquad (3.3)$$

Wenn nun der Term (3.3) durch $g(y)$ geteilt und etwas nachlässig mit dt multipliziert wird entsteht:

$$\frac{1}{g(y)}\,dy = f(t)dt \qquad (3.4)$$

Durch Erweiterung von (3.4) mit einem unbestimmten Integral folgt

$$\int \frac{1}{g(y)}\,dy = \int f(t)dt \ . \qquad (3.5)$$

Sollten beide Integrale in (3.5) lösbar sein, so kann y in expliziter oder impliziter Form[22] angegeben werden. ∎

Aus diesem Satz ist ersichtlich, dass die Schwierigkeit beim Lösen von DGL oftmals im Integrieren liegt. Da nicht jede Funktion in geschlossener Form integrierbar ist[23] lässt sich auch nicht für jede DGL eine Lösung in geschlossener Form darstellen.

Bei der Erarbeitung des einfachen Populationsmodells im letzten Kapitel wurde die Technik aus dem Beweis von Satz 1 angewendet. Zur Verdeutlichung wird jetzt die bereits eingeführte logistische Differenzialgleichung gelöst.

Sei die Gleichung (2.9) gegeben:

$$y' = py(K - y)$$

Diese DGL ist in gewünschter Form (3.2) von Satz 1. Es gilt:

$$g(y) = y(K - y) \quad \text{und} \quad f(t) = p$$

Somit folgt

$$\int \frac{1}{y(K - y)}\,dy = \int p\,dt \ .$$

Integration ergibt[24]

$$-\frac{\ln\left(\left|\frac{y - K}{y}\right|\right)}{K} + c_y = pt + c_t \ .$$

Sei nun $c_t - c_y =: c$ somit folgt nach Multiplikation mit $-K$:

$$\ln\left(\left|\frac{y-K}{y}\right|\right) = -Kpt - Kc$$

Erweiterung mit der Exponentialfunktion liefert:

$$\frac{y-K}{y} = e^{-pKt} * e^{-Kc}$$

$$-\frac{K}{y} = e^{-pKt} * e^{-Kc} - 1$$

Wenn nun mit y multipliziert und durch $e^{-pKt} * e^{-Kc} - 1$ dividiert wird entsteht:

$$y = \frac{K}{-1 + e^{-pKt} * e^{-Kc}} =: \frac{K}{-1 + Ce^{-pKt}} \tag{3.6}$$

Da e^{-Kc} eine Konstante ist kann sie als C definiert werden. Nun wird die Anfangsbedingung $y(0) = y_0$ eingefügt:

$$y(0) = y_0 = \frac{K}{-1 + Ce^{-pK0}} = \frac{K}{-1 + C}$$

$$C = -\frac{K}{y_0} + 1$$

Einsetzen von C in (3.6) liefert

$$y = \frac{K}{1 + \left(\frac{K}{y_0} - 1\right)e^{-pKt}} \, ,$$

womit (2.11) hergeleitet wäre.

Für lineare DGL erster Ordnung kann die allgemeine Lösung immer angegeben werden.[25]

3.2. Lineare Differentialgleichungen erster Ordnung – Variation der Konstanten

Für die vorzustellenden Lösungsansätze wird zunächst ein Lemma eingeführt, welches für den nachfolgenden Satz – bzw. die Methode „Variation der Konstanten" – unentbehrlich ist.

---

[25] Aber nicht immer in geschlossener Form.

Lemma 2

Sei eine lineare DGL erster Ordnung gegeben:

$$y'(t) = a(t) * y(t) + b(t) \qquad (3.7)$$

Mit $I \subset P$, $a, b \colon I \to P$ zwei stetige Funktionen. Desweiteren sei y_h die Lösung für den homogenen Fall $[b(t) = 0]$ und eine partikuläre Lösung des inhomogenen Falls y_p bekannt. Dann ist

$$y = y_h + y_p$$

die allgemeine Lösung von (3.7).[26]

Satz 3

Sei eine lineare DGL erster Ordnung wie in (3.7) gegeben und $C \in P$ eine Integrationskonstante. Dann gilt im Allgemeinen:

$$y = e^{\int a(t)dt} * \left(C + \int b(t) * e^{-\int a(t)dt} dt \right) \qquad (3.8)$$

Wobei für $\int a(t)dt$ beliebige Stammfunktionen herangezogen werden können. Desweiteren gilt vereinfacht für Spezialfälle:

$$y = \begin{cases} C * e^{at} & \text{für } a(t) = a, \ b(t) = 0 \\ C e^{\int a(t)dt} & \text{für } b(t) = 0 \\ e^{at} * (C + \int b(t) * e^{-at}dt) & \text{für } a(t) = a \\ C * e^{at} - \dfrac{b}{a} & \text{für } a(t) = a \neq 0, b(t) = b \\ C + bt & \text{für } a(t) = 0, \ b(t) = b \end{cases}$$

Die Konstante C lässt sich durch eine gegebene Anfangsbedingung bestimmen.[27]

Um Das Konzept „Variation der Konstanten" zu beschreiben wird der Beweis von (3.8) herangezogen. Die Spezialfälle können schnell überprüft werden, jedoch wird an dieser Stelle auf deren Beweis verzichtet.

Beweis:

Um Lemma 2 nutzen zu können wird zunächst der homogene Fall betrachtet:

$$y'_h = a(t) * y_h$$

---

[26] Vgl. Opitz & Klein (2011), S. 597 – der Beweis ist auch u. a. in diesem Buch zu finden. Dieses Lemma ist äquivalent auch für DGL höherer Ordnung und DGL-Systeme formulier- und beweisbar.
[27] Vgl. Opitz & Klein (2011), S. 606.

Mit Satz 1 folgt:

$$\int \frac{1}{y_h} \, dy_h = \int a(t) \, dt$$

$$\ln|y_h| = \int a(t) \, dt + c$$

Nun werden beide Seiten der Gleichung mit der Exponentialfunktion erweitert. Der Betrag von y kann vernachlässigt werden, da die Exponentialfunktion stets größer Null ist. Mit $e^c =: C$ folgt:

$$y_h = e^{\int a(t) \, dt + c} = e^{\int a(t) \, dt} * e^c = C e^{\int a(t) \, dt}$$

[Damit ist der zweite Spezialfall bewiesen]. Diese Lösung wird *Homogene*-Lösung von (3.7) genannt (vgl. Lemma 2). Zur Bestimmung <u>einer</u> Lösung der *inhomogenen* DGL wird die Methode „Variation der Konstanten"[28] genutzt. Es wird angenommen, dass die inhomogene DGL (3.7) <u>eine</u> spezielle Lösung der Form

$$y_p = C(t) * e^{\int a(t) \, dt}$$

besitzt. Wenn nun y_p nach t differenziert wird entsteht gemäß der Produktregel[29]

$$y_p' = C'(t) * e^{\int a(t) \, dt} + C(t) * a(t) * e^{\int a(t) \, dt} \; .$$

Nach (3.7) gilt aber auch:

$$y_p' = C(t) * a(t) * e^{\int a(t) \, dt} + b(t)$$

Gleichsetzen beider Gleichungen ergibt:

$$C'(t) * e^{\int a(t) \, dt} + C(t) * a(t) * e^{\int a(t) \, dt} = C(t) * a(t) * e^{\int a(t) \, dt} + b(t)$$

$$C'(t) * e^{\int a(t) \, dt} = b(t)$$

$$C'(t) = b(t) * e^{-\int a(t) \, dt}$$

Erweiterung mit einem unbestimmten Integral liefert folgende Form [mit 0 als Integrationskonstante – dies darf angenommen werden, da eine beliebige partikuläre Lösung benötigt wird]:

$$C(t) = \int b(t) * e^{-\int a(t) \, dt} \, dt$$

Einsetzen ergibt:

$$y_p = C(t) * e^{\int a(t) \, dt} = e^{\int a(t) \, dt} * \int b(t) * e^{-\int a(t) \, dt} \, dt$$

---

[28] In diesem Beweis werden die Grundzüge des Beweises der „Variation der Konstanten" durchgeführt. Ein formeller Satz mit Beweis ist u. a. in Forster (2011b), S. 172 f. zu finden.
[29] Vgl. I Anhang – Formelsammlung.

Somit folgt nach Lemma 2:

$$y = y_h + y_p = Ce^{\int a(t)\,dt} + e^{\int a(t)\,dt} * \int b(t) * e^{-\int a(t)\,dt}\,dt$$

$$= e^{\int a(t)\,dt} * \left(C + \int b(t) * e^{-\int a(t)\,dt}\,dt\right) \blacksquare\,[30]$$

Die bisher aufgeführten Beispiele und Sätze könnten den Eindruck erwecken, dass DGL immer eine Exponentialfunktion als Lösung besitzen. Zur Verdeutlichung, dass als mögliche Lösung für eine DGL jede bekannte und auch noch unbekannte Funktion in Frage kommt, wird als Anwendung von Satz 3 ein kleines Zahlenbeispiel vorgestellt.

Sei

$$y' = \frac{y}{t} + 2t \tag{3.9}$$

mit der Anfangsbedingung $y(1) = 1$ gegeben.

Es folgt:

$$y \overset{Satz\,3}{=} e^{\int \frac{1}{t}\,dt} * \left(C + \int 2t * e^{-\int \frac{1}{t}\,dt}\,dt\right)$$

$$= e^{\ln(t)} * \left(C + \int 2t * e^{-\ln(t)}\,dt\right)$$

$$= t * \left(C + \int \frac{2t}{e^{\ln(t)}}\,dt\right)$$

$$= t * \left(C + \int \frac{2t}{t}\,dt\right.$$

$$= t * \left(C + \int 2\,dt\right)$$

$$= t * (C + 2t)$$

$$= 2t^2 + Ct$$

Laut Satz 3 dürfen beliebige Stammfunktion beim Integrieren genutzt werden. Demnach wurde hier einfachheitshalber die Integrationskonstante stets als 0 gewählt.

Einsetzen der Anfangsbedingung liefert:

$$y(1) = 1 = 2 + C$$

$$C = -1$$

---

[30] Vgl. Opitz & Klein (2011), S. 606 f.

Somit lautet die Lösung von (3.9):

$$y = 2t^2 - t \tag{3.10}$$

Zur Verifizierung der Lösung wird (3.10) differenziert:

$$y' = 4t - 1$$

Einsetzen von (3.10) in (3.9) liefert ebenfalls:

$$y' = \frac{2t^2 - t}{t} + 2t = 4t - 1$$

3.3. Elastizitäten sowie Eindeutigkeit und Existenz von Lösungen

Um u. a. die Sensitivität einer Preisänderung zu messen, nutzen Ökonomen die Elastizität, welche definiert ist durch:

$$\varepsilon_{y,t} = \frac{y'}{y}t$$

$\varepsilon_{y,t}$ gibt die t-Elastizität von y an.

Es ist ersichtlich, dass Elastizitäten von der Natur her DGL bezüglich y darstellen. Wenn nun die Elastizität einer gesuchten Funktion y bekannt ist, so kann versucht werden y mittels DGL zu bestimmen. Als Beispiel sei nach allen Funktionen gesucht, welche eine konstante Elastizität ε haben – die sogenannten *isoelastischen* Funktionen.

$$\varepsilon = \frac{y'}{y}t \tag{3.11}$$

$$y' = \frac{\varepsilon y}{t} \; .$$

Die DGL (3.11) ist linear und nach Satz 3 gilt

$$y = Ce^{\int \frac{\varepsilon}{t}dt} = Ce^{\varepsilon \ln|t|} = Ce^{\ln|t^\varepsilon|} = Ct^\varepsilon \;.[31] \tag{3.12}$$

Bisher wurde jedoch noch nicht diskutiert, ob (3.12) alle Lösungen von (3.11) beinhaltet, bzw. ob die erarbeiteten Lösungen eindeutig sind.

Satz 4 - Eindeutigkeit

Es sei eine beliebige DGL erster Ordnung der Form

$$y' = f(t,y)$$

wie in (3.1) gegeben.

---

[31] Vgl. Sydsaeder & Hammond (2009), S. 279f und Tietze (2011), S. 441f.

Desweiteren genüge f lokal einer Lipschitz-Bedingung.[32] Seien ferner y_1 und y_2 zwei Lösungen der DGL (3.1), mit $y_1, y_2: I \to P$, $I \subset P$. Falls für eine beliebige Anfangsbedingung t_0

$$y_1(t_0) = y_2(t_0)$$

erfüllt ist, folgt

$$y_1(t) = y_2(t) \quad \forall t \in I \ .[33]$$

Sollte f stetig partiell differenzierbar bezüglich y sein, so impliziert dies die Lipschitz-Bedingung.[34]

Im Zusammenhang mit der Eindeutigkeit ist es auch sinnvoll zu diskutieren, wann Lösungen für DGL existieren.

Satz 5 – Existenzsatz von Picard-Lindelöf

Es sei eine DGL der Form

$$y' = f(t, y) \ ,$$

$G \subset P x P^n$ offen[35] und $f: G \to P^n$ eine stetige Funktion, welche lokal einer Lipschitz-Bedingung genügt, so existiert für jede Anfangsbedingung lokal genau eine Lösung.[36]

Satz 4 und 5 können äquivalent auch für DGL-höherer Ordnung, bzw. für DGL-Systeme definiert werden.[37]

Da jede beliebige Anfangsbedingung durch (3.12) erreichbar ist, sind nach Satz 4 alle Lösungen von (3.11) durch (3.12) gegeben.

3.4. Nicht-lineare Differentialgleichungen erster Ordnung

Mit den bisher erarbeiteten Lösungsansätzen lassen sich separierbare und lineare DGL lösen. Allerdings ist nicht jede DGL separierbar oder linear. Um das Spektrum an Lösungsansätzen zu erweitern soll ein Beispiel Motivation für die nächste Definition liefern.

---

[32] Eine Funktion genügt der Lipschitz-Bedingung wenn die Ungleichung $\|f(t, y) - f(t, \tilde{y})\| \le L\|y - \tilde{y}\|$, mit $\| \cdot \|$ als beliebige Norm für ein $L > 0$ stets erfüllt ist – vgl. Forster (2011b), S. 151.

[33] Vgl. Forster (2011b), S. 152 f., der Beweis ist u. a. auch dort zu finden.

[34] Vgl. Heuser (1991), S. 139 und Forster (2011b), S. 151.

[35] Nähere Informationen zu offenen Mengen sind u. a. in Forster (2011b), S. 9 ff. zu finden.

[36] Vgl. Forster (2011b), S. 154 f. – das genau eine Lösung existiert folgt nach Satz 4.

[37] Vgl. Forster (2011b), S. 162 f. und Heuser (1991), S. 515f. – Auf die Formulierung der äquivalenten Sätze wird verzichtet.

Sei folgende nicht-lineare DGL mit der Anfangsbedingung $y(1) = \frac{\pi}{2}$ gegeben:

$$y^2 \cos(t) + 2y \sin(t) \frac{dy}{dt} = 0 \tag{3.11}$$

Nach Multiplikation von (3.11) mit dt entsteht

$$y^2 \cos(t)dt + 2y \sin(t)\, dy = 0 \; .$$

An dieser Stelle sieht es so aus, als wäre diese Summe aus einem totalen Differential[38] einer Funktion $F(t,y)$ entstanden. Wenn nun beide Summanden mit einem Integral erweitert werden folgt:

$$\int y^2 \cos(t)dt = y^2 \sin(t) + c(y)$$

$$\int 2y \sin(t)\, dy = y^2 \sin(t) + c(t)$$

Daraus ergibt sich:

$$F(t,y) := y^2 \sin(t)$$

Folgende Probe bestätigt:

$$dF(t,y) = y^2 \cos(t)\, dt + 2y \sin(t)\, dy$$

Nun wird die Anfangsbedingung $y(1) = \frac{\pi}{2}$ eingesetzt:

$$y^2 \sin(t) = F\left(\frac{\pi}{2}, 1\right) = 1^2 \sin\left(\frac{\pi}{2}\right) = 1$$

Durch Umformungen lässt sich y explizit angeben:

$$y = \sqrt{\frac{1}{\sin(t)}} \tag{3.12}$$

Durch Einsetzen von (3.12) in (3.11) lässt sich diese Lösung verifizieren. Demnach wird erhofft, dass $F(t,y) = C$ eine explizite Form für y liefert.

Diese Informationen werden in folgender Definition verarbeitet.

3.4.1. Exakte Differentialgleichungen erster Ordnung

Definition 6

Es seien $G \subset P^2$, $M, N: G \to P$ zwei Funktionen und eine beliebige DGL der Form

$$M(t,y) + N(t,y) * \frac{dy}{dx} = 0 \tag{3.13}$$

gegeben.

---

[38] Vgl. I Anhang – Formelsammlung.

(3.13) heißt *exakt*, sofern eine stetig partiell differenzierbare Funktion $F(t, y)$ mit der Eigenschaft

$$\frac{\partial F(t, y)}{\partial t} = M \quad \text{und} \quad \frac{\partial F(t, y)}{\partial y} = N$$

existiert.[39]

Durch die Forderung, dass $F(t, y)$ stetig partiell differenzierbar ist, folgt dass sie ebenso total differenzierbar ist.[40] Es ist auf den ersten Blick oftmals nicht ersichtlich, wann eine DGL exakt ist - als Hilfe dient die Integrabilitätsbedingung.

Satz 7 - Integrabilitätsbedingung

Sei eine beliebige DGL erster Ordnung der Form (3.13) gegeben. Die DGL ist genau dann exakt, wenn folgende Gleichheit gilt: [41]

$$\frac{\partial M}{\partial y} = \frac{\partial N}{\partial t}$$

Beweis:

„ " Es sei die DGL der Form (3.13) exakt, somit existiert eine stetig partiell differenzierbare Funktion $F(t, y)$. Nach dem Satz von Schwarz[42] ist die Reihenfolge des partiellen Ableitenes vertauschbar. Es gilt:

$$\frac{\partial M}{\partial y} = \frac{\partial^2 F(t, y)}{\partial y\, \partial t} = \frac{\partial^2 F(t, y)}{\partial t\, \partial y} = \frac{\partial N}{\partial t}$$

„ " Sei $F(t, y)$ eine Stammfunktion von M derart, dass

$$\frac{\partial F}{\partial t} = M \quad \text{und somit} \quad F = \int M\, dt + h(y)$$

gilt. Umstellen nach $h(y)$ und differenzieren nach y liefert:

$$h'(y) = \frac{\partial F}{\partial y} - \frac{\partial \int M dt}{\partial y} \stackrel{!}{=} N - \frac{\partial \int M dt}{\partial y} \tag{3.14}$$

Wird nun (3.14) nach t differenziert entsteht:

$$0 = \frac{\partial h'(y)}{\partial t} = \frac{\partial N}{\partial t} - \frac{\partial M}{\partial y}$$

Diese Gleichheit ist nur für $\frac{\partial M}{\partial y} = \frac{\partial N}{\partial t}$ erfüllt. Somit existiert auch nur dann ein h(y)

sodass $\frac{\partial F}{\partial y} = N$ gilt. ∎

---

[39] Vgl. Heuser (1991), S. 91 f.
[40] Vgl. Forster (2011b) S. 70.
[41] Vgl. Braun (1991), S. 69.
[42] Vgl. Forster (2011b), S. 59.

Ferner wird schnell ersichtlich, dass eine DGL in der Form (3.13) mit $M(t,y) = M(t)$ und $N(t,y) = N(t)$ eine exakte und zugleich separierbare DGL ist. Dies gilt da separierbare DGL Sonderformen von exakten DGL darstellen. Gelegentlich ist es möglich nicht-exakte DGL in exakte DGL umzuwandeln.

3.4.2. Integrierender Faktor

Der Faktor $\mu(t,y)$ soll durch Multiplikation eine nicht-exakte in eine exakte DGL überführen.

Definition 8

Es sei eine DGL der Form (3.13) und $\mu(t,y)\colon G \to P,\ G \subset P^2$ gegeben. Wenn die Funktion $\mu(t,y) \neq 0\ \forall\, t,y$ der Gleichung

$$\frac{\partial \mu M}{\partial y} = \frac{\partial \mu N}{\partial t} \tag{3.15}$$

genügt, wird sie *integrierender Faktor,* bzw. *Eulerscher Multiplikator,* der DGL (3.13) genannt.[43]

Der integrierende Faktor ist i.d.R. nicht eindeutig, daher wird versucht einen möglichst einfachen Faktor zu finden. Sollte der Multiplikator μ nicht im gesamten Intervall der DGL definiert sein, können einige Lösungen der ursprünglichen DGL verloren gehen.[44] Wenn der integrierende Faktor von t und y abhängig ist, wird das Lösen einer partiellen DGL notwendig[45] – daher werden im Folgenden nur die Fälle $\mu = \mu(t)$ und $\mu = \mu(y)$ betrachtet.

Lemma 9

Sei $\mu = \mu(t)$, dann geht aus der Bedingung (3.15) die DGL

$$\frac{d\mu}{dt} = \frac{1}{N}\left(\frac{\partial M}{\partial y} - \frac{\partial N}{\partial t}\right)\mu$$

hervor. Da $\frac{d\mu}{dt}$ nur von t abhängig ist, hängt auch $\frac{1}{N}\left(\frac{\partial M}{\partial Y} - \frac{\partial n}{\partial t}\right)$ nur von t ab. Äquivalent gilt für $\mu = \mu(y)$

---

[43] Vgl. Braun (1991), S. 73, Heuser (1991), S. 100 und Walter (2000) S. 42.
[44] Vgl. Heuser (1991), S. 101.
[45] Vgl. Walter (2000), S. 42.

$$\frac{d\mu}{dy} = \frac{1}{M}\left(\frac{\partial N}{\partial t} - \frac{\partial M}{\partial y}\right)\mu \ .^{46}$$

Zur Verdeutlichung sei die DGL

$$\underbrace{(3ty + y^2)}_{M} + \underbrace{(t^2 + ty)}_{N}\,y' = 0$$

gegeben. Diese DGL ist nicht exakt, da die Integrabilitätsbedingung nicht erfüllt ist:

$$\frac{\partial M}{\partial y} = 3t + 2y \neq 2t + y = \frac{\partial N}{\partial t}$$

Aber es gilt:

$$\frac{1}{N}\left(\frac{\partial M}{\partial Y} - \frac{\partial n}{\partial t}\right) = \frac{3t + 2y - 2t - y}{t^2 + ty} = \frac{t + y}{t(t + y)} = \frac{1}{t}$$

Somit gibt es nach Lemma 9 einen integrierenden Faktor der Form $\mu = \mu(x)$.

Die Lösung der linearen DGL

$$\frac{d\mu}{dt} = \frac{\mu}{t}$$

ist nach Satz 3 gegeben durch:

$$\mu = Ce^{\int a(t)dt} = Ce^{\ln(t)} = Ct$$

Die Probe mit $C = 1$ zeigt, dass die Integrabilitätsbedingung erfüllt ist:

$$\frac{\partial \mu M}{\partial y} = 3t^2 + 2ty = \frac{\partial \mu N}{\partial t}$$

---

[46] Vgl. Braun (1991), S. 74 Beweis von Lemma 9 folgt durch die Produktregel und einfachen Umformungen der Bedingung (3.15). Daher wird auf den formellen Beweis verzichtet.

4. Differentialgleichungen n-ter Ordnung

Bisher wurden Möglichkeiten eingeführt unterschiedliche DGL erster Ordnung zu lösen. Bei der Behandlung von DGL höherer Ordnung werden im Rahmen dieser Arbeit nur lineare DGL mit konstanten Koeffizienten berücksichtigt.

Definition 10

Es seien $a_{n-1}, \dots, a_0 \in P$, dann wird die DGL der Form

$$y^{(n)}(x) + a_{n-1}y^{(n-1)}(x) + \cdots + a_1 y'(x) + a_0 y(x) = b(x) \qquad (4.1)$$

lineare DGL n-ter Ordnung mit konstanten Koeffizienten genannt.[47]

Im Folgenden wird der Lösungsansatz über die *charakteristische Gleichung* betrachtet. Ein äquivalenter Lösungsansatz ist mit Hilfe von DGL-Systemen und einer Eigenwertproblematik erreichbar.[48]

4.1. Charakteristische Gleichung – homogener Fall

Der Lösungsansatz über die charakteristische Gleichung entsteht aus der Annahme $y = e^{\lambda t}, \lambda \in X$. Desweiteren sei (4.1) homogen, somit folgt nach Einsetzen der Annahmen in (4.1):

$$\left(e^{\lambda t}\right)^{(n)} + a_{n-1}(e^{\lambda t})^{(n-1)} + \cdots + a_1(e^{\lambda t})' + a_0 e^{\lambda t} = 0$$

$$e^{\lambda t}(\underbrace{\lambda^n + a_{n-1}\lambda^{n-1} + \cdots + a_1\lambda + a_0}_{=:\,Charakteristische\ Gleichung\,=:G}) = 0$$

Satz 11

Sei eine lineare homogene DGL n-ter Ordnung gemäß Definition 10 gegeben. Mit dem Ansatz $y = e^{\lambda t}$ folgt eine charakteristische Gleichung G. Bei n verschiedenen Nullstellen $\lambda_i, i = 1, \dots, n$, von G entsteht ein Fundamentalsystem von Lösungen[49] mit

$$\varphi_i := e^{\lambda_i t}$$

für die homogene DGL (4.1).[50]

---

[47] Vgl. Opitz & Klein (2011), S. 611 f.

[48] In Rahmen dieser Ausarbeitung wird lediglich auf den Lösungsansatz der charakteristischen Gleichung eingegangen. Der Ansatz über Eigenwertproblematik ist u. a. bei Forster (2011b), S. 213 ff. oder etwas ausführlich bei Heuser (1991), S. 457 ff. zu finden.

[49] „Fundamentalsystem von Lösungen" bedeutet, dass jede Linearkombination der φ_i eine Lösung der homogenen DGL (4.1) darstellt.

[50] Vgl. Forster (2011b), S. 199 ff. und Opitz & Klein (2011), S. 614 f. Der Beweis ist u. a. bei Forster (2011b), S. 202 zu finden.

Zur Verdeutlichung wird nun ein fiktives Beispiel betrachtet.

Es sei folgende homogene lineare DGL zweiter Ordnung mit konstanten Koeffizienten gegeben:

$$p''(t) + \frac{10}{3}p'(t) + p(t) = 0 \tag{4.2}$$

Es entsteht die charakteristische Gleichung:

$$G = \lambda^2 + \frac{10}{3}\lambda + 1 = 0$$

$$\lambda_1 = -\frac{1}{3} \quad \text{und} \quad \lambda_2 = -3$$

Nach Satz 11 gilt:

$$p = \alpha e^{-\frac{1}{3}t} + \beta e^{-3t}$$

$\alpha, \beta \in P$. Mit zwei Anfangsbedingungen können α und β bestimmt werden. Bei mehrfachen Nullstellen von G entsteht ein abgewandeltes Fundamentalsystem von Lösungen.

Lemma 12

Es habe die charakteristische Gleichung G einer homogenen linearen DGL n-ter Ordnung mit konstanten Koeffizienten die r paarweise von einander verschiedenen Nullstellen $\lambda_i \in X$ mit den Vielfachheiten k_i.[51] Dann ist ein Fundamentalsystem von Lösungen gegeben durch

$$\varphi_{im} = t^m e^{\lambda_i t} \qquad 1 \leq i \leq r, \ 0 \leq m \leq k_i - 1 \ .[52]$$

Lemma 12 ist eine Verallgemeinerung vom Satz 11, da bei der Vielfachheit der Nullstellen von $k_i = 1 \ \forall i$ ist $m = 0$, wodurch die Form aus Satz 11 gegeben ist.

Für den Fall von komplexen [und somit auch komplex konjugierten] Nullstellen kann das Fundamentalsystem äquivalent zu Satz 11 angegeben werden. Da sich die trigonometrischen Funktionen Sinus und Cosinus nach der Eulerschen Formel[53] mittels komplexer Exponentialfunktionen darstellen lassen, ist es sogar möglich trotz komplexer Nullstellen in G ein reelles Fundamentalsystem anzugeben.

---

[51] Dabei beschreibt der Index i die i-te Nullstelle und somit gilt $1 \leq i \leq r$.
[52] Vgl. Forster(2011b), S. 204 f – Der Beweis ist u. a. bei Forster (2011b) S. 205 zu finden.
[53] Vgl. Forster (2011a), S. 135.

Lemma 13

Es habe die charakteristische Gleichung G einer homogenen linearen DGL n-ter Ordnung mit konstanten Koeffizienten, die einfach und komplex konjugierten Nullstellen $\lambda_k = a + bi$ und $\lambda_{k+1} = a - bi$ und somit die Elemente $\varphi_k = e^{(a+bi)t}$ und $\varphi_{k+1} = e^{(a-bi)t}$ als Bestandteile des Fundamentalsystems, dann lässt sich ein reelles Fundamentalsystem von Lösungen, durch Ersetzen der einfach komplex konjugierten Paare mit

$$\vartheta_k := e^{at}\cos(bt) \quad \text{und} \quad \vartheta_{k+1} := e^{at}\sin(bt) \, ,$$

angeben.[54]

4.2. Spezielle Lösung – inhomogener Fall

Im Lemma 2 wurde die allgemeine Lösung einer DGL erster Ordnung durch die homogene Lösung und einer partikulären Lösung gewonnen. Für Lineare DGL n-ter Ordnung mit konstanten Koeffizienten kann das Lemma äquivalent genutzt werden.[55]

Die Gewinnung einer partikulären Lösung mittels Variation der Konstanten, ist auch für lineare DGL n-ter Ordnung möglich, allerdings ist dieses Verfahren oft sehr umfangreich.[56] Im Rahmen dieser Ausarbeitung werden nur die Sonderfälle

$$b(t) = b_0 + b_1 t + \cdots + b_m t^m$$
$$b(t) = (b_0 + b_1 t + \cdots + b_m t^m)e^{\alpha t}$$

betrachtet.

Satz 14

Sei die DGL (4.1) gegeben. Für den Fall $b(t) = b_0 + b_1 t + \cdots + b_m t^m$, $b_i \in P$, $i = 1, \ldots, m$, führt der Ansatz

$$y_p(t) = \begin{cases} \tilde{a}_0 + \tilde{a}_1 t + \cdots + \tilde{a}_m t^m & \text{für } G(0) \neq 0 \\ t^r(\tilde{a}_0 + \tilde{a}_1 t + \cdots + \tilde{a}_m t^m) & \text{für } 0 \text{ ist } r|\text{fache Nullstelle von } G \end{cases}$$

und für den Fall $b(t) = (b_0 + b_1 t + \cdots + b_m t^m)e^{\alpha t}$

$$y_p(t) = \begin{cases} (\tilde{a}_0 + \tilde{a}_1 t + \cdots + \tilde{a}_m t^m)e^{\alpha t} & \text{für } G(0) \neq 0 \\ t^r(\tilde{a}_0 + \tilde{a}_1 t + \cdots + \tilde{a}_m t^m)e^{\alpha t} & \text{für } 0 \text{ ist } r|\text{fache Nullstelle von } G \end{cases}$$

---

[54] Vgl. Forster (2011b), S. 202 f. und Opitz & Klein (2011) S. 614 ff. Der Beweis ist u. a. bei Opitz&Klein (2011), S. 617 zu finden.
[55] Vgl. Heuser (1991), S. 172.
[56] Vgl. Heuser (1991), S. 181 ff.

immer zu einer partikulären Lösung von (4.1). Die $\tilde{a}_i$, $i = 1, \ldots m$ können durch Anwendung des Lösungsansatzes in $y = y_h + y_p$ mit anschließendem Koeffizientenvergleich[57] gewonnen werden.[58]

Zur Verdeutlichung ein Beispiel einer Angebots- und Nachfragefunktion.

4.3. Angebot, Nachfrage und der Preis

Es sei angenommen, dass Angebot A und Nachfrage N jeweils linear vom Preis $p(t)$, seiner momentanen Änderungsrate $p'(t)$ und der Änderungsgeschwindigkeit[59] $p''(t)$ abhängig ist. Somit entstehen folgende Gleichungen

$$A = a_0 + a_1 p + a_2 p' + a_3 p''$$
$$N = n_0 - n_1 p - n_2 p' - n_3 p''$$

mit $a_0, a_1, a_2, a_3, n_0, n_1, n_2, n_3 \in P_+^*$.[60] Für das Marktgleichgewicht wird Angebot und Nachfrage gleichgesetzt:[61]

$$a_0 + a_1 p + a_2 p' + a_3 p'' = n_0 - n_1 p - n_2 p' - n_3 p''$$
$$p'' + \frac{a_2 + n_2}{a_3 + n_3} p' + \frac{a_1 + n_1}{a_3 + n_3} p = \frac{n_0 - a_0}{a_3 + n_3}$$

Seien nun $a_3 = a_1 = a_0 = 1$, $a_2 = 5$, $n_3 = n_1 = 2$, $n_2 = 5$, $n_0 = 7$ gegeben.

$$p'' + \frac{10}{3} p' + p = 2 \tag{4.3}$$

Für den homogenen Fall ist (4.3) die Gleichung aus (4.2). Die homogene Lösung ist wie bereits berechnet

$$p_h = \alpha e^{-\frac{1}{3}t} + \beta e^{-3t}$$

$\alpha, \beta \in P$. Laut Satz 14 existiert eine partikuläre Lösung mit der Form $p_p = \tilde{a}$:

$$p = p_h + p_p = \alpha e^{-\frac{1}{3}t} + \beta e^{-3t} + \tilde{a}$$

Das Einsetzen von p in (4.3) liefert $\tilde{a} = 2$.

In diesem Beispiel musste im Koeffizientenvergleich kein Gleichungssystem, sondern lediglich eine Gleichung gelöst werden. Die allgemeine Lösung lautet:

$$p = \alpha e^{-\frac{1}{3}t} + \beta e^{-3t} + 2$$

Für zwei gegebene Preisbeobachtungen wären α und β genau bestimmbar.

---

[57] Beispiele für den Koeffizientenvergleich sind u. a. bei Opitz & Klein (2011), S. 183 ff. zu finden.
[58] Vgl. Heuser (2001), S. 172 ff., der Beweis ist u. a. auch dort zu finden.
[59] „Änderungsgeschwindigkeit" beschreibe die momentane Änderung der Änderungsrate.
[60] Vgl. Opitz & Klein (2011), S. 613.
[61] Vgl. Mankiw & Taylor (2008), S. 88.

5. Differentialgleichungssysteme

Beim Modellieren von ökonomischen Sachverhalten tauchen gelegentlich auch mehrere DGL auf, welche simultan gelöst werden müssen. Für solche Fälle werden DGL-Systeme benötigt. Dabei genügt es sich mit DGL-Systemen erster Ordnung zu befassen, da DGL n-ter Ordnung in ein System von n DGL erster Ordnung überführt werden können.[62] Dementsprechend kann ein System von n DGL m-ter Ordnung überführt werden in ein System von $n*m$ DGL erster Ordnung.

Da das Lösen von DGL-Systemen i.d.R. umfangreiche Theoriegrundlagen benötigt, wird im Rahmen dieser Ausarbeitung zunächst definiert was ein DGL-System ist. Im Abschnitt 6 wird exemplarisch ein Konjunktur-Modell, basierend auf einem DGL-System, umfangreich analysiert.

Definition 16

Ein DGL-System erster Ordnung besteht simultan aus n Differentialgleichungen erster Ordnung und hat somit die Form

$$y_1' = f_1(t, y_1, \dots, y_n)$$
$$y_2' = f_2(t, y_1, \dots, y_n)$$
$$\dots$$
$$y_n' = f_n(t, y_1, \dots, y_n)$$

mit $G \subset P \times P^n$, $f_i \colon G \to P$, $i = 1, \dots, n$.[63]

---

[62] Vgl. Forster (2011b), S. 159 f.
[63] Vgl. Braun (1991), S. 287.

6. Das Konjunkturmodell von Goodwin -
Die Lotka-Volterra-Gleichungen

Zum Abschluss wird das 1967 von Richard M. Goodwin entworfene Modell zur Erklärung von Konjunkturschwankungen in einer wachsenden Wirtschaft betrachtet.[64] Dazu werden zunächst die Annahmen beschrieben, anhand dessen zwei DGL hergeleitet und im Anschluss das Verhalten des Konjunkturmodells analysiert.

Als Grundbaustein für das Modell wird angenommen, dass die Konjunkturschwankungen aus kurzfristigen, gegensätzlichen Interessen der Arbeitnehmer und Arbeitgeber entstehen. Der Konflikt wird durch die Beschäftigungs- und Lohnquote modelliert.

Bei hoher Beschäftigungsquote haben Arbeitnehmer eine starke Verhandlungsmacht gegenüber den Arbeitgebern, was die Lohnquote steigen lässt. Dementsprechend sinkt die Profitquote der Unternehmen. Die Arbeitgeber entlassen daraufhin Arbeitnehmer, was die Beschäftigungsquote sowie damit einhergehend auch die Lohnquote wider sinken lässt. Die geringe Lohnquote bietet dann wiederrum einen Anreiz für Arbeitgeber erneut mehr Arbeitnehmer einzustellen. Die Folge ist eine wiederholt steigende Beschäftigungsquote.

Auf den ersten Blick wirkt diese Darlegung wie ein „Katz-und-Maus-Spiel". Wie sich im Anschluss herausstellen wird, beschreibt dieses Modell in der Tat eine „Räuber-Beute-Dynamik" nach Lotka-Volterra.

6.1. Modellannahmen

Die folgenden Modellannahmen werden stichpunktartig aufgezählt und in der Herleitung wird spezifisch auf einzelne Annahmen verwiesen.

---

[64] Das Originalmodell ist zu finden in Goodwin, Richard M.: A Growth Cycle, in: Feldstein, D.H., Socialism, Capitalism and Economic Growth, Cambridge University Press 1967, S 54 ff. Diese Ausarbeitung beruht auf den Ausführungen in Assenmacher (1998), S. 213 ff.; Heubes (1991), S. 102 ff.; Dietrich (1999), S. 48 ff. und Ortlieb (2009), S. 40 ff.

A1. Es wird eine geschlossene Volkswirtschaft ohne Staatsaktivitäten betrachtet, in der nur ein homogenes Gut produziert und zugleich Verkauft wird. Das Volkseinkommen $[Y]$ teilt sich auf in Konsum $[C]$ und Investitionen $[I]$:

$$Produzierte\ G\ddot{u}ter = Volkseinkommen = Y$$

$$Y = C + I$$

A2. Technischer Fortschritt lässt die Arbeitsproduktivität – produzierte Güter je Arbeitskraft $[Y/L]$ – exponentiell mit der Rate α ansteigen:

$$\frac{Y}{L} = a_0 e^{\alpha t}$$

A3. Die Bevölkerung und damit das Arbeitskräftepotential $[N]$ wächst exponentiell mit der Rate β:

$$N = N_0 e^{\beta t}$$

A4. Es gilt die klassische Sparhypothese, d.h. Einnahmen aus Kapitalgewinnen $[G]$ werden gespart $[S]$, Lohneinkommen wird konsumiert $[\omega = Reallohn]$:

$$S = G$$

$$C = \omega L$$

A5. Nach dem Marx'schen Realisationsprinzip werden die Ersparnisse investiert:[65]

$$S = I$$

A6. Der Kapitalkoeffizient $[\sigma]$ ist konstant $[K = Kapital]$:

$$\sigma = \frac{K}{Y}$$

Gemäß dieser Annahmen können weitere Beziehungen beschrieben werden.[66]

A7. Die Lohnquote $[u]$ sowie die Beschäftigungsquote $[v]$ werden beschrieben durch

$$u = \frac{\omega L}{Y}$$

$$v = \frac{L}{N}$$

A8. Die Änderungsrate vom Kapitalstock $[K']$ entsprechen den Investitionen. Nach A1 und A4 gilt somit:

$$K' = I = Y - \omega L$$

---

[65] Im Gütermarkt-Gleichgewicht gilt diese Bedingung ebenfalls. Vgl. Mankiw & Taylor (2008), S. 643 f.

[66] Um den Lesefluss zu erleichtern wird fortlaufend nummeriert.

6.2. Herleitung des Differentialgleichungssystems

Es sei zunächst die Wachstumsrate der Beschäftigungsquote gesucht:

$$\frac{v'}{v} = \frac{1}{v}v' = \frac{d\,ln(v)}{dv} * \frac{dv}{dt} \overset{Kettenregel}{=} \frac{d\,ln\big(v(t)\big)}{dt} \overset{A7}{=} \frac{d\,ln\left(\frac{L}{N}\right)}{dt} = \frac{d(ln(L) - ln(N))}{dt}$$

$$= \frac{d\,ln(L)}{dt} - \frac{d\,ln(N)}{dt} \overset{Kettenregel}{=} \frac{L'}{L} - \frac{N'}{N} \overset{A3}{=} \frac{L'}{L} - \beta$$

Äquivalent wird jetzt nach dem Ausdruck $\frac{L'}{L}$ gesucht, um $\frac{v'}{v}$ darstellen zu können:

$$\frac{L'}{L} = \frac{d\,ln(L)}{dt} = \frac{d\,ln\left(\frac{YL}{Y}\right)}{dt} = \frac{d\,ln(Y)}{dt} + \frac{d\,ln\left(\frac{L}{Y}\right)}{dt} \overset{Kettenregel}{=} \frac{Y'}{Y} - \frac{d\,ln\left(\frac{Y}{L}\right)}{dt}$$

$$\overset{A2}{=} \frac{Y'}{Y} - \frac{d\,ln(e^{\alpha t})}{dt} = \frac{Y'}{Y} - \frac{d\alpha t}{dt} = \frac{Y'}{Y} - \alpha$$

Es wird nun nach der Wachstumsrate des Einkommens Y gesucht um die Wachstumsrate der Beschäftigungsquote zu bestimmen.

Da laut A6 $\sigma = \frac{K}{Y}$ und σ konstant ist, muss die Änderungsrate von K und Y gleich sein, denn $ln(\sigma)$ ist konstant und somit folgt

$$0 = \frac{d\,ln(\sigma)}{dt} = \frac{d\,ln\left(\frac{K}{Y}\right)}{dt} = \frac{d\,ln(K)}{dt} - \frac{d\,ln(Y)}{dt} = \frac{K'}{K} - \frac{Y'}{Y}$$

$$\frac{K'}{K} = \frac{Y'}{Y}$$

Ferner gilt:

$$\frac{K'}{K} \overset{A5\&A8}{=} \frac{S}{K} \overset{A4}{=} \frac{G}{K} = \frac{\frac{G}{Y}}{\frac{K}{Y}} \overset{A4\&A5\&A6}{=} \frac{\frac{I}{Y}}{\sigma} \overset{A8}{=} \frac{\frac{y - \omega L}{Y}}{\sigma} \overset{A7}{=} \frac{1 - u}{\sigma}$$

Somit folgt insgesamt:

$$\frac{v'}{v} = \frac{1 - u}{\sigma} - \alpha - \beta$$

$$v' = \left[\left(\frac{1}{\sigma} - \alpha - \beta\right) - \frac{1}{\sigma}u\right]v \tag{6.1}$$

Da nun eine DGL für die Beschäftigungsquote hergeleitet wurde, soll ebenfalls eine DGL für die Lohnquote gewonnen werden. Im Hinblick darauf wird die Wachstumsrate der Lohnquote betrachtet:

$$\frac{u'}{u} = \frac{d\,ln(u)}{dt} \overset{A7}{=} \frac{d\,ln\left(\frac{\omega L}{Y}\right)}{dt} = \frac{d\,ln(\omega)}{dt} + \frac{d\,ln\left(\frac{L}{Y}\right)}{dt} = \frac{\omega'}{\omega} - \alpha \tag{6.2}$$

Phillips stellte 1958 durch Auswertung von statistischen Daten fest, dass die Wachstumsrate des Lohns in einem negativen linearen Zusammenhang zur Arbeitslosenquote und somit in einem positiven linearen Zusammenhang zur Beschäftigungsquote steht. Es sei somit die Wachstumsrate des Lohns mit einer affinen Abbildung[67] approximiert:

$$\frac{\omega'}{\omega} = -\gamma + \rho v$$

Einsetzen in (6.2) liefert:

$$\frac{u'}{u} = \rho v - \gamma - \alpha$$

$$u' = -[\gamma + \alpha - \rho v]u \qquad (6.3)$$

Die Gleichungen (6.1) und (6.3) stellen ein Differentialgleichungssystem nach Definition 16 dar und können mit

$$\gamma + \alpha =: a_1 \qquad \rho =: b_1$$

$$\frac{1}{\sigma} - \alpha - \beta =: a_2 \qquad \frac{1}{\sigma} =: b_2$$

vereinfachend geschrieben werden als:

$$u' = -[a_1 - b_1 v]u \qquad (6.4)$$

$$v' = [a_2 - b_2 u]v \qquad (6.5)$$

Ein DGL-System dieser Art ist bekannt als *Räuber-Beute-Modell* von Lotka-Volterra.[68] Dabei beschreibt (6.4), bzw. (6.1) die Beute- und (6.5), bzw. (6.3) die Räuber-Gleichung.

Im Folgenden wird durch Umformungen die Beziehung zwischen u und v in einer Gleichung dargestellt und anschließend im Abschnitt 6.3. das Beziehungsverhalten näher betrachtet.

Durch Division von (6.4) mit (6.5) und anschließender Kreuzmultiplikation entsteht:

$$\frac{\frac{du}{dt}}{\frac{dv}{dt}} = \frac{du}{dv} = -\frac{[a_1 - b_1 v]u}{[a_2 - b_2 u]v}$$

$$-[a_2 - b_2 u]v\, du = [a_1 - b_1 v]u\, dv$$

Um die Trennung der Variablen[69] zu erreichen wird durch uv dividiert und anschließend mit einem unbestimmten Integral erweitert:

$$\int -[a_2 u^{-1} - b_2]du = \int [a_1 v^{-1} - b_1]dv$$

$$a_2 \ln(u) - b_2 u + c = -a_1 \ln(v) + b_1 v$$

$c \in P$ die Integrationskonstante. Erweiterung mit der Exponentialfunktion liefert:

$$\underbrace{v^{a_1} e^{-b_1 v}}_{=:V(v)} = \underbrace{u^{-a_2} e^{b_2 u}}_{=:U(u)} e^c \tag{6.6}$$

Somit steht $U(u)$ im linearen Zusammenhang zu $V(v)$ mit dem Faktor e^c. Mit Hilfe dieses linearen Zusammenhangs und den Funktionen U und V soll (6.6) geometrisch gedeutet werden.

6.3. Analyse des Modells

Zunächst wird das Verhalten von U und V diskutiert.

Die erste Ableitung von U ist gegeben durch:

$$\frac{dU}{du} = -a_2 u^{-a_2-1} e^{b_2 u} + u^{-a_2} b_2 e^{b_2 u}$$

$$= u^{-a_2} e^{b_2 u} \left(-\frac{a_2}{u} + b_2\right) = U * \left(-\frac{a_2}{u} + b_2\right)$$

$u \in [0:1]$ und somit ist $U \in P_+^*$. Es existiert somit ein Extremum von U bei $u = \frac{a_2}{b_2}$.

Es gilt:

$$\frac{d^2 U\left(\frac{a_2}{b_2}\right)}{du^2} = b_2 e^{a_2} \left(\frac{a_2}{b_2}\right)^{-a_2-1} > 0$$

Denn $b_2 > 0$ und $a_2 > 0$, letztere Ungleichung gilt für Industriestaaten als empirisch gesichert.[70] Somit ist das Extrum bei $u = \frac{a_2}{b_2}$ ein globales Minimum.

In Abbildung 2 findet sich eine mögliche Kurve von U.

Zur graphischen Bestimmung von $V(v)$ wird ebenfalls die Ableitung gebildet:

$$\frac{dV}{dv} = a_1 v^{a_1-1} e^{-b_1 v} - b_1 v^{a_1} e^{-b_1 v} = V * \left(\frac{a_1}{v} - b_1\right)$$

---

[69] Vgl. Abschnitt 3.1. Trennung der Variablen.
[70] Vgl. Ortlieb (2009), S. 42.

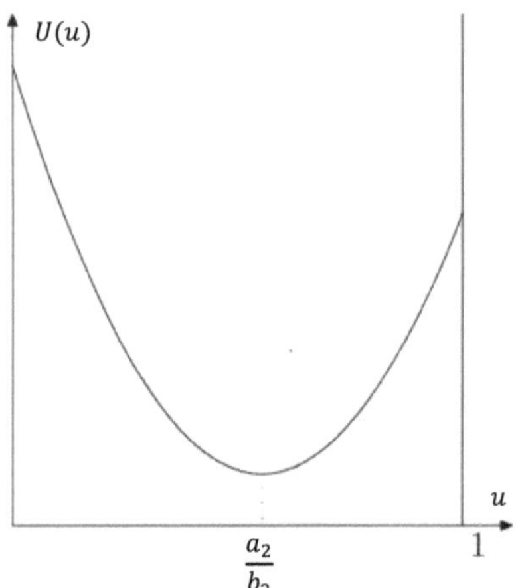

Abbildung 2. Die Funktion $U(u)$[71]

Da $v \in [0:1]$ und somit $V \in P_+^*$, ist bei $v = \frac{a_1}{b_1}$ ein Extremum, die zweite Ableitung bestätigt ein globales Maximum:

$$\frac{d^2 V\left(\frac{a_1}{b_1}\right)}{dv^2} = -b_1 e^{-a_1} \left(\frac{a_1}{b_1}\right)^{a_1-1} > 0$$

Denn $a_1,\ b_1 > 0$. Abbildung 3. zeigt eine mögliche Gestalt von V:

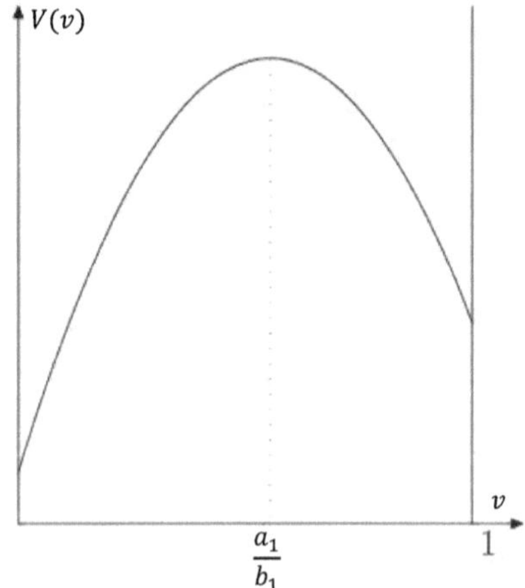

Abbildung 3. Die Funktion $V(v)$[72]

---

[71] Vgl. Dietrich (1999), S. 55.

Die erarbeiteten Teilergebnisse werden in Abbildung 4 in einem 4-Felder-Schema dargestellt und somit die Lösungskurve für (6.6) graphisch entwickelt. In dem 4-Felder-Schema werden die vier Dimensionen u, v, V und U in Beziehung gestellt. Im zweiten Quadranten wird die gespiegelte Abbildung 3 eingefügt. Im dritten Quadranten ist die lineare Abbildung[73] aus dem linearen Zusammenhang von V zu U. Im vierten Quadranten findet sich die um 90° gegen Uhrzeigersinn gedreht Abbildung 2. Anhand der Beziehungen untereinander entwickelt sich im ersten Quadranten die Lösungskurve für (6.6).[74]

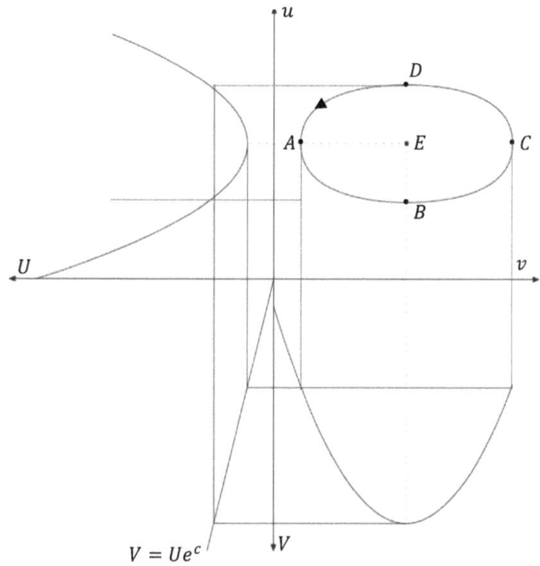

Abbildung 4. Lösungskurve für (6.6)[75]

Anhand der Lösungskurve im ersten Quadranten kann die Eingangs aufgeführte Argumentation repliziert werden.

Beispielsweise hat die Beschäftigungsquote [v] im Punkt C ihr Maximum. Dadurch haben Arbeitnehmer eine starke Verhandlungsmacht und die Lohnquote steigt.

---

[72] Vgl. Dietrich (1999), S. 55.
[73] Es handelt sich nicht um eine lineare Abbildung, denn die Null wird auf die Null abgebildet.
[74] Die Herleitung geht aus der Abbildung 4 hervor und wird daher nicht näher erläutert.
[75] Vgl. Dietrich (1999), S. 56 und Heubes (1991), S. 106.

Aufgrund steigender Kosten entlassen Unternehmen im gleichen Zuge Arbeitnehmer. So wird der Punkt D erreicht.

Die Bewegungen zwischen den Punkten können den einzelnen Konjunkturphasen zugeordnet werden:

Konjunkturphase	Bewegung im Modell
Expansion	Von A zu B
Boom	Von B zu C
Rezession	Von C zu D
Depression	Von D zu A

Ein gegebener Startwert bestimmt eindeutig den Verlauf im ersten Quadranten. Somit können sich auch keine Überschneidungen zu anderen Verläufen ergeben.

Aus dieser Bedingung geht unmittelbar hervor, dass der bisher außer Acht geblieben Punkt E der Gleichgewichtspunkt ist. Ist also dieser Punkt erreicht,[76] bzw. als Startwert gegeben, so verharrt die Wirtschaft genau an diesem Punkt. Punkte dieser Art sind in DGL-Systemen von besonderer Bedeutung.

---

[76] Durch z. B. einen exogenen Schock.

7. Nachwort

Die wichtigen Modelle des exponentiellen und logistischen Wachstums wurden Eingangs mithilfe einfacher DGL angeführt und dadurch u. a. die stetige Verzinsung sowie eine Weltpopulationsvorschau – ähnlich zur UN-Prognose – erarbeitet. Anhand unterschiedlicher Lösungsansätze für DGL erster und höherer Ordnung wurden in abstrakter Form Elastizitäten sowie ein Angebots- und Nachfrage-Modell betrachtet. Die Herleitung und Analyse des Konjunkturmodells von Goodwin wurde exemplarisch für DGL-Systeme aufgeführt. Diese ökonomischen Modelle konnten anhand der vorgestellten Sonderformen von DGL hergeleitet, bzw. gelöst werden. Die Modelle stammen aus verschiedenen Bereichen der Wirtschaftswissenschaften und sind grundsätzlich unterschiedlicher Natur, was auf verschiedenste Anwendungsmöglichkeiten von DGL deuten lässt. Neben der in dieser Bachelorarbeit behandelten DGL-Theorien existieren zahlreiche weitere (z. B. partielle DGL), deren Relevanz in den ökonomischen Sachverhalten der Wirtschaft sowie ebenfalls in Bereichen der Medizin, Physik und Ingenieurswissenschaften regelmäßig unter Beweist gestellt wird. Demnach kann rückblickend auf das im Vorwort angeführte Zitat von Leonardo da Vinci zurückgewiesen und ihm weitreichende Bestätigung geschenkt werden.

I. Anhang

Populationsprognosen

Welt-Population (in tausend) - Medium Variante - 1960-2100 [77]

Year	Population	Year	Population
1960	3.038.413	2035	8.611.867
1965	3.333.007	2040	8.874.041
1970	3.696.186	2045	9.106.022
1975	4.076.419	2050	9.306.128
1980	4.453.007	2055	9.474.911
1985	4.863.290	2060	9.615.189
1990	5.306.425	2065	9.731.202
1995	5.726.239	2070	9.827.113
2000	6.122.770	2075	9.905.469
2005	6.506.649	2080	9.968.538
2010	6.895.889	2085	10.019.612
2015	7.284.296	2090	10.062.090
2020	7.656.528	2095	10.097.100
2025	8.002.978	2100	10.124.926
2030	8.321.380		

Welt-Population (in tausend) – Prognose durch logistische Differentialgleichung – 1960 - 2100[78]

Year	Population	Abweichung in %	Year	Population	Abweichung in %
1960	2.786.534	8,29%	2035	8.525.034	1,01%
1965	3.137.894	5,85%	2040	8.776.659	1,10%
1970	3.513.378	4,95%	2045	9.001.859	1,14%
1975	3.909.931	4,08%	2050	9.201.983	1,12%
1980	4.323.544	2,91%	2055	9.378.703	1,02%
1985	4.749.379	2,34%	2060	9.533.890	0,85%
1990	5.181.966	2,35%	2065	9.669.502	0,63%
1995	5.615.480	1,93%	2070	9.787.500	0,40%
2000	6.044.042	1,29%	2075	9.889.791	0,16%
2005	6.462.041	0,69%	2080	9.978.179	-0,10%
2010	6.864.415	0,46%	2085	10.054.341	-0,35%
2015	7.246.879	0,51%	2090	10.119.811	-0,57%
2020	7.606.069	0,66%	2095	10.175.972	-0,78%
2025	7.939.613	0,79%	2100	10.224.064	-0,98%
2030	8.246.105	0,90%			

---

[77] Vgl. http://esa.un.org/wpp/unpp/panel_population.htm - Zugriff am 15.10.2012.
[78] Berechnung mit (2.11), $y(2012) = 7{,}02 * 10^9$, $K = 10{,}5 * 10^{10}$ und $p = 3{,}15 * 10^{-12}$.

Formelsammlung

Mengen

$$N = \{0, 1, 2, \dots\} \qquad \text{natürliche Zahlen}$$

$$Z = \{0, \pm1, \pm2, \dots\} \qquad \text{ganze Zahlen}$$

$$\Theta = \{p/q;\ p, q \in Z, q \neq 0\} \qquad \text{rationale Zahlen}$$

$$P = \qquad \text{reelle Zahlen}$$

$$X = \qquad \text{komplexe Zahlen[79]}$$

Differentiations- und Integrationsregeln

Seien f und g differenzierbare Funktionen für x, bzw. y und $\lambda \in P$ eine Konstante,

so gilt:

Linearität:

$$(f + g)'(x) = f'(x) + g'(x)$$

$$(\lambda f)'(x) = \lambda f'(x)$$

Produktregel:

$$(fg)'(x) = f'(x)g(x) + f(x)g'(x)$$

Quotientenregel:

$$\left(\frac{f}{g}\right)'(x) = \frac{f'(x)g(x) - f(x)g'(x)}{g(x)^2}$$

Kettenregel:

$$\left(g\angle f\right)'(x) = g'(f(x))f'(x)$$

Partielle Integration:

$$\int f(x)g'(x) = f(x)g(x) - \int g(x)f'(x)dx \quad [80]$$

Totales Differential:

$$df(x, y) = f_x dx + f_y dy$$

dabei ist $f_x = \dfrac{\partial f}{\partial x}$ und $f_y = \dfrac{\partial f}{\partial y}$. [81]

---

[79] Vgl. Bosch (2008), S. 9.
[80] Vgl. Forster (2011a), S. 161 ff.
[81] Vgl. Chiang, Wainwright & Nitsch (2011), S. 126f.

II.   Literaturverzeichnis

Assenmacher, Walter: Konjunkturtheorie. 8. Auflage R. Oldenbourg Verlag München 1998

Beckmann, Martin J.; Künzi, Hans P.: Mathematik für Ökonomen III – Analysis in mehreren Variablen. Springer-Verlag Berlin Heidelberg 1984

Bosch, Siegfried; Lineare Algebra. 4. Auflage. Springer-Verlag Berlin Heidelberg 2008

Braun, Martin: Differentialgleichungen und ihre Anwendungen. 2. Auflage. Springer Verlag Berlin Heidelberg 1991

Chiang, Alpha C.; Wainwright, Kevin; Nitsch, Harald: Mathematik für Ökonomen - Grundlagen, Methoden und Anwendungen. Verlag Franz Vahlen München 2011

Dietrich, Karl: Konjunkturtheorie – Vorlesungsskript. Version 1.2. Universität Hannover Sommer-Semester 1999

Forster, Otto: Analysis 1 – Differential- und Integralrechnung einer Veränderlichen. 10. Auflage. Vieweg+Teubner Verlag Wiesbaden 2011a

Forster, Otto: Analysis 2 – Differentialrechnung im P^n, gewöhnliche Differentialgleichungen. 9. Auflage. Vieweg+Teubner Verlag Wiesbaden 2011b

Heubes, Jürgen: Konjunktur und Wachstum. Verlag Franz Vahlen München 1991

Heuser, Harro: Gewöhnliche Differentialgleichungen – Einführung in Lehre und Gebrauch. 2. Auflage. B. G. Teubner Stuttgart 1991

Mankiw, Gregory N.; Taylor, Mark P.: Grundzüge der Volkswirtschaftslehre. 4. Auflage. Schäffer-Poeschel Verlag Stuttgart 2008

Opitz, Otto; Klein, Robert: Mathematik – Lehrbuch für Ökonomen. 10. Auflage. Oldenbourg Verlag München 2011

Ortlieb, Claus P.: Dynamische Modelle in den Lebens- und Gesellschaftswissenschaften – Vorlesungsskript. Universität Hamburg Winter-Semester 2009/2010

Sydsaeter, Knut; Hammond, Peter: Mathematik für Wirtschaftswissenschaftler – Basiswissen mit Praxisbezug. 3. aktualisierte Auflage. Pearson Studium München 2009

Tietze, Jürgen: Einführung in die angewandte Wirtschaftsmathematik – Das praxisnahe Lehrbuch – bewährt durch seine brillante Darstellung. 16. Auflage. Vieweg+Teubner Verlag Wiesbaden 2011

Walter, Wolfgang: Gewöhnliche Differentialgleichungen – Eine Einführung. 7. Auflage. Springer Verlag Berlin Heidelberg 2000

Wirsching, Günther J.: Gewöhnliche Differentialgleichungen – Eine Einführung mit Beispielen, Aufgaben und Musterlösungen. B. G. Teubner Verlag Wiesbaden 2006

Internetquellen:

World Population Prospects der UN - http://esa.un.org/wpp/unpp/panel_population.htm - Zugriff am 15.10.2012

World Fact Book der CIA - https://www.cia.gov/library/publications/the-world-factbook/geos/xx.html - Zugriff am 03.10.2012

BEI GRIN MACHT SICH IHR WISSEN BEZAHLT

- Wir veröffentlichen Ihre Hausarbeit, Bachelor- und Masterarbeit

- Ihr eigenes eBook und Buch - weltweit in allen wichtigen Shops

- Verdienen Sie an jedem Verkauf

Jetzt bei www.GRIN.com hochladen und kostenlos publizieren